Andreas Buchta

Entwurf einer Zahnradstufe. Berechnung und Konstruktion

GRIN Verlag

Bibliografische Information der Deutschen Nationalbibliothek:

Die Deutsche Bibliothek verzeichnet diese Publikation in der Deutschen Nationalbibliografie; detaillierte bibliografische Daten sind im Internet über http://dnb.d-nb.de/ abrufbar.

Impressum:

Druck und Bindung: Books on Demand GmbH, Norderstedt Germany
ISBN: 978-3-656-41218-2

Dieses Buch bei GRIN:

http://www.grin.com/de/e-book/213020/entwurf-einer-zahnradstufe-berechnung-und-konstruktion

Buchta Andreas

„Entwurf einer Zahnradstufe“

Versions-Nr.: 0

Modul: Konstruktion

Inhaltsverzeichnis

Verzeichnis der Formelkennzeichen und Abkürzungen

a	genormter Achsabstand
a_d	Nullachsabstand
B	Wälzlagerbreite
b	Breite
C	dynamische Tragzahl
C_0	statische Tragzahl
C_B	Betriebsfaktor
D	Wälzlagerdurchmesser
d	Teilkreisdurchmesser
d_a	Kopfkreisdurchmesser
$d_{Abtrieb}$	Durchmesser Abtriebszapfen
$d_{Antrieb}$	Durchmesser Antriebszapfen
d_b	Grundkreisdurchmesser
d_f	Fußkreisdurchmesser
d_{R1}	Durchmesser der Ritzelwelle
d_{R2}	Durchmesser der Zahnradwelle des Abtriebsrades
d_ω	Wälzkreisdurchmesser
E	Elastizitätsmodul
e	Außermittigkeit
F	Kraft
F_a	Axialkraf
$F_{LAntrieb}$	Lagerkraft der Abtriebslager
$F_{LAbtrieb}$	Lagerkraft der Antriebslager
F_r	Radialkraft

F_{res}	resultierende Kraft
F_t	Tangentialkraft
F_u	Umfangskraft
f	Durchbiegung
h	Höhe
I	Flächenträgheitsmoment
i	Übersetzungsverhältnis
i_{soll}	gewolltes Übersetzungsverhältnis
i_{tats}	vorhandenes Übersetzungsverhältnis
K_A	Anwendungsfaktor
$K_{F\delta}$	Einfluss der Oberflächenrauheit
K_V	Oberflächenverfestigung
$K1_{(deff)}$	technologischer Größeneinflussfaktor
K2	Größeneinflussfaktor
$K3_{(d)}$	Größeneinflussfaktor (für Kerbwirkungszahl)
k^x	Kopffaktor
L_{10h}	nominelle Lebensdauer
$L_{Abtrieb}$	Abtriebslager
$L_{Antrieb}$	Antriebslager
l	Länge
l_t	tragende Länge
L_{tr}	Passfederlänge
M_b	Biegemoment
M_t	Torsionsmoment
M_{tmax}	maximales Drehmoment
M_{tnenn}	Nenndrehmoment

m	Modul
m_n	Normalmodul
n_A	Ausgangsdrehzahl
n_E	Eingangsdrehzahl
P	Leistung, dynamische Äquivalentzkraft
p	Lebensdauerexponent, Druck
p_{zul}	zulässige Flächenpressung
r	Radius
SB	Studienbrief
S_D	Sicherheit gegen Dauerbruch
S_F	Sicherheit gegen bleibende Verformung
S_{erf}	erforderliche Sicherheit
S_{vorh}	vorhandene Sicherheit
t_1	Wellennuttiefe
t_2	Nabennuttiefe
W_b	Widerstandsmoment gegen Biegung
W_t	Widerstandsmoment gegen Torsion
X	Radialfaktor
x	Profilverschiebungsfaktor
Y	Axialfaktor
z	Zähnezahl
z'	Ritzelzähnezahl
α	Normaleingriffswinkel
α_{ω}	Betriebseingriffswinkel
α_{zul}	zulässige Lagerneigung
β	Kerbwirkungszahl

f	Durchbiegung
ε_{α}	Profilüberdeckung
σ	Normalspannung
σ_{ba}	Spannungsausschlag
σ_{baDK}	ertragbarer Spannungsausschlag
σ_{b}	Biegespannung
σ_{bw}	Biegewechselfestigkeit
σ_{Flim}	Zahnfußdauerfestigkeit
σ_{mv}	Vergleichsmittelspannung
σ_{V}	Vergleichsspannung
τ_{S}	Schubspannung
τ_{t}	Torsionsspannung
τ_{taDK}	Spannungsamplitude der Bauteil-Dauerfestigkeit
τ_{tW}	Torsionswechselfestigkeit
τ_{tzul}	zulässige Torsionsspannung
κ	Spannungsverhältnis

1. Aufgabenstellung

Diese Hausarbeit umfasst die Berechnung und Konstruktion der An- und Abtriebswellen, der Lager, Dichtungen und Passfederverbindugen sowie der Zahnräder eines Zahnradgetriebes.

Die Vorgaben sind der Studienleistung WB-KON-S21-120113, passend zur Endziffer der Matrikelnummer 109832**0**, zu entnehmen.

Aus den Vorgaben der Studienleistung ergeben sich folgende Größen:

Tabelle 1: *Vorgegebene Größen*

Größe	Formelzeichen	Einheit	Größe / Wert
Nennleistung	P	kW	6
Eingangsdrehzahl	n_E	min^{-1}	1200
Ausgangsdrehzahl	n_A	min^{-1}	340
Betriebsfaktor	C_B	--	1,25
Anwendungsfaktor	K_A	--	1,25
Axialkraft	F_a	N	500

Des Weiteren wird vorausgesetzt:

- Zahnradwerkstoff: Einsatzstahl gehärtet (58...60HRC)
- Wellenwerkstoff: E295 (DIN EN 10025/2005)
- Umlaufbiegung ist anzunehmen
- schwellend wirkendes Drehmoment liegt vor
- Lagerung der Wellen erfolgt in Kugellagern (Lebensdauer min. 10.000 Std.)
- Zahnräder sitzen beginnend auf der Seite der Momenteneinleitung (n_E) nach etwa 1/3 des Lagerabstandes
- Zahnradbefestigung auf der Welle erfogt durch rundstirnige Passfedern
- An- und Abtriebswelle besitzen je einen Wellenabsatz mit Passfeder, auf dem

eine Kupplung gegen eine Wellenschulter angelegt ist

- genormte Achsabstände sind anzuwenden
- auf beide Wellen wirkt eine zusätzliche Axialkraft F_a (diese ist bei Wälzlagerberechnung zu berücksichtigen)
- Übersetzung mit ± 3% einhalten

Bei der Konstruktion sind folgende Gesichtspunkte einzuhalten:

- Gewährleistung der Funktionssicherheit
- fertigungsgerechte Gestaltung
- Montagemöglichkeit und -erleichterung
- möglichst kleine Bauweise
- normgerechte Bauteile und Darstellung
- sachlich gegliederte und übersichtliche Ergebnisdarstellung

2. Entwurfsberechnungen

2.1 Nenndrehmomente

Für die Ermittlung der Nenndrehmomente werden folgende Größen aus den Vorgaben der Studienleistung benötigt:

$P = 6kW$; $n_E=1.200min^{-1}$; $n_A= 340min^{-1}$

Aus diesen Vorgaben können die Nenndrehmomente errechnet werden.

$$Mt_{nenn}=9550\cdot\frac{P}{n}$$ *(SB 4 Formel 1.1)*

$$Mt_{nenn}1=9550\cdot\frac{6,0\,kW}{1200\,U/min} \qquad Mt_{nenn}1=47,75\,Nm \qquad Mt_{nenn}1\approx 48\text{Nm}$$

$$Mt_{nenn}2=9550\cdot\frac{6,0\,kW}{340\,U/min} \qquad Mt_{nenn}2=168,53\,Nm \qquad Mt_{nenn}2\approx 169\text{Nm}$$

2.2 Wellendurchmesser

Für die überschlägliche Ermittlung der Wellendurchmesser muss erst das maximale Drehmoment ermittelt werden. Dafür gelten:

$C_B = 1,25$; $\tau_{tzul}=15\ N/mm^2$; $M_{tnenn1}=48Nm$; $M_{tnenn2}=169Nm$

Der Betriebsfaktor C_B wurde den Vorgaben der Studienleistung entnommen.

Die zulässige Torsionsspannung τ_{tzul} *(SB 4 S.13)* wurde mit $15N/mm^2$ sicherheitshalber als geringster Wert gewählt, um die Wellendurchmesser nicht zu gering zu dimensionieren und um Einflüsse der Biegemomente zu berücksichtigen.

Nun müssen noch die maximalen Drehmomente $M_{tmax.}$ ermittelt werden.

$$M_{tmax}=C_B\cdot M_{tnenn}$$ *(SB 4 Formel 1.10)*

$$M_{tmax1}=1,25\cdot 48\text{Nm} \qquad M_{tmax1}\approx 60\text{Nm}$$

$$M_{tmax2}=1,25\cdot 169\text{Nm} \qquad M_{tmax2}=211,25\,Nm \qquad M_{tmax2}\approx 212\text{Nm}$$

nach der Berechnung und Auswahl der nötigen Werte können nun die

Wellendurchmesser ermittelt werden:

$$d \approx \sqrt[3]{\frac{16 \cdot M_{tmax}}{\Pi \cdot \tau_{tzul}}}$$ *(SB 4 Formel 1.2)*

$$d_{Antrieb} \approx \sqrt[3]{\frac{16 \cdot 60\text{Nm}}{\Pi \cdot 15\text{N}/mm^2}} \quad d_{Antrieb} \approx \sqrt[3]{\frac{16 \cdot 60.000\text{Nmm}}{\Pi \cdot 15\text{N}/mm^2}} \quad d_{Antrieb} \approx 27{,}31\,mm$$

$$d_{Abtrieb} \approx \sqrt[3]{\frac{16 \cdot 212\text{Nm}}{\Pi \cdot 15\text{N}/mm^2}} \quad d_{Abtrieb} \approx \sqrt[3]{\frac{16 \cdot 212.000\text{Nmm}}{\Pi \cdot 15\text{N}/mm^2}} \quad d_{Abtrieb} \approx 41{,}60\,mm$$

Um späteren Minderungen der Wellendurchmesser durch die Passfedernut entgegen zu wirken, werden die Durchmesser etwas größer als berechnet geplant. Somit werden folgende Durchmesser für An- und Abtriebswelle angenommen:

Durchmesser der Antriebswelle: $d_{Antrieb} \approx 35\text{mm}$

Durchmesser der Abtriebswelle: $d_{Abtrieb} \approx 45\text{mm}$

2.3 Modul der Zahnräder

Für die Berechnung der Zahnradmodule müssen noch folgende Werte bekannt sein:

K_A=1,25; ß=0°; z'_1=19; b/d_1=0,6; σ_{Flim} = 160N/mm²

Der Anwendungsfaktor K_A kann den Vorgaben der Studienleistung entnommen werden. Der Schrägungswinkel ß entspricht 0°, da ein geradverzahntes Zahnrad vorliegt.

Die Ritzelzähnezahl z'_1 *(SB 6 S.35)* wurde mit dem Wert 19 festgelegt, um die maximale Sicherheit zu gewährleisten. Für das Zahnbreitenverhältnis bei gehärteten Rädern b/d1 *(SB 6 S.35)* wurde mit 0,6mm ein Mittelwert gewählt. Die Zahnfußdauerfestigkeit σ_{Flim} *(SB 9 Arbeitsblatt 2.10.2)* wurde mit 160N/mm² ermittelt.

Da der Zahnradwerkstoff E295 einsatzgehärtet wurde, kann das Modul m über die Näherungsbeziehung des Normalmoduls m_n ermittelt werden.

$$m_n \approx \sqrt[3]{\frac{10^4 \cdot K_A \cdot M_{t1} \cdot \cos^2\beta}{z_1'^2 \cdot (b/d1) \cdot \delta_{Flim}}}$$ *(SB 6 Formel 4.2)*

$$m_n \approx \sqrt[3]{\frac{10^4 \cdot 1{,}25 \cdot 48\text{Nm} \cdot \cos^2 0°}{19^2 \cdot 0{,}6\,mm \cdot 160\text{N}/mm^2}} \qquad m_n \approx \sqrt[3]{\frac{10^4 \cdot 1{,}25 \cdot 48.000\text{Nmm} \cdot \cos^2 0°}{19^2 \cdot 0{,}6\,mm \cdot 160\text{N}/mm^2}}$$

$$m_n \approx 2{,}587\,mm$$

Nach DIN 780 wird m=3mm angenommen.

2.4 Fußkreisdurchmesser und Zähnezahl des ersten Zahnrades

Der mindest erforderliche Fußkreisdurchmesser d_{f1} des Ritzels wird ermittelt durch:

$$d_{f1} \geq d_{sh1} + 2 \cdot (t_2 + 2{,}5 \cdot m)$$

Der Durchmesser wird dabei mit d_{sh1}=50mm und der Nuttiefe t_2=3,8mm nach DIN 6885 *(SB 9 Arbeitsblatt 2.6.1)* gewählt. Somit ergibt sich für den mindest erforderlichen Fußkreisdurchmesser:

$$d_{f1} \geq 50\text{mm} + 2 \cdot (3{,}8\,mm + 2{,}5 \cdot 3\text{mm}) \qquad d_{f1} \geq 72{,}6\,mm$$

Der Fußkreisdurchmesser des Ritzels darf einen Durchmesser von 72,6mm nicht unterschreiten.

Daraus erfolgt für die angenäherte Ermittlung der Mindestzähnezahl:

$$z_1 \geq \frac{d_{f1} + 2 \cdot 1{,}25 \cdot m}{m}$$ *(SB 6 Formel 4.5)*

$$z_1 \geq \frac{72{,}6\,mm + 2 \cdot 1{,}25 \cdot 3\text{mm}}{3\text{mm}}$$

$$z_1 \geq 26{,}7\,Zähne$$

Die Zähnezahl für das Ritzel wird mit 27 Zähnen festgelegt.

2.5 Zähnezahl des zweiten Zahnrades

Für die Berechnung der Zähnezahl z_2 muss zuerst die Übersetzung ermittelt werden:

$$i_{soll}=\frac{n_E}{n_A}$$ *(SB 6 Formel 1.1)*

$$i_{soll}=\frac{1200\,U/min}{340\,U/min} \qquad i_{soll}=3{,}53$$

Durch Einsetzen von i_{soll} und Umformen der Formel kann die Zähnezal z_2 berechnet werden.

$$z_2=i_{SOLL}\cdot z_1$$ *(SB 6 Formel 4.6)*

$$z_2=3{,}53\cdot 27\,Zähne \qquad z_2=95{,}31\,Zähne$$

Die Zähnezahl für das zweite Zahnrad wird mit 96 Zähnen festgelegt.

2.6 Achsabstand und Profilverschiebung

Zur Ermittlung des Achsabstandes gilt:

$$a=m\cdot\frac{z_1+z_2}{2}$$ *(SB 6 Formel 2.9)*

$$a=3\text{mm}\cdot\frac{27\,Zähne+96\,Zähne}{2} \qquad a=184{,}5\,mm$$

Durch Auswahl eines genormten Abstandes nach DIN 780 Teil 1 *(SB 9 Arbeitsblatt 2.10.7)* kommen folgende zwei Achsabstände in Frage:

a1=180mm

a2=200mm

Für die Auswahl des passenden Abstandes und zur Kontrolle der Profilverschiebung wird Tabelle 2 für die Auswertung herangezogen:

Tabelle 2: *Kontrolle der Profilverschiebung*

Nr.	z_1	z_2	a	a_d	(x_1+x_2)	i_{tats}	Δi [%]	Wertung
1	27	96	180	184,5	-1,347			(x1+x2)< -0,5
2	27	96	200	184,5	+6,467			(x1+x2)> +1,5
3	27	97	200	186	+5,757			(x1+x2)> +1,5
4	27	98	200	187,5	+4,998			(x1+x2)> +1,5
5	27	99	200	189	+4,367			(x1+x2)> +1,5
6	27	100	200	190,5	+3,693			(x1+x2)> +1,5
7	27	101	200	192	+3,062			(x1+x2)> +1,5
8	27	102	200	193,5	+2,407			(x1+x2)> +1,5
9	27	103	200	195	+1,802			(x1+x2)> +1,5
10	27	104	200	196,5	+1,244	3,851	+9,01%	Δi nicht zulässig
11	28	103	200	196,5	+1,244	3,679	+4,22%	Δi nicht zulässig
12	**29**	**102**	**200**	**196,5**	**+1,244**	**3,517**	**-0,37%**	**OK**

Ab Berechnung Nr. 10 erreicht zwar die Summe der Profilverschiebungsfaktoren (x_1+ x_2) einen akzeptablen Wert, doch ist Δi mit 9,01% nicht zulässig.
Deshalb wird die Zähnzahl des zweiten Zahnrades z_2 beibehalten und schrittweise die Zähnezahl des Ritzels erhöht, bis auch Δi in Nr.12 einen akzeptablen Wert erreicht.

Das Zahnradgetriebe der Nr. 12 wird damit im Weiteren realisiert.

Exemplarisch sollen die Berechnungen zur Erstellung der Tabelle am Beispiel Nr. 12 durchgeführt werden:

Berechnung des resultierenden Achsabstandes:

$$a_d = m \cdot \frac{z_1 + z_2}{2}$$ *(SB 6 Anlage 1, Gl.-Nr. 9)*

$$a_d = 3\text{mm} \cdot \frac{29\,Zähne + 102\,Zähne}{2} \qquad a_d = 196{,}5\,mm$$

Ermittlung des Betriebseingriffswinkels:

Dabei gilt der Normaleingriffswinkel α=20°, da ein V-Getriebe vorliegt.

$$\alpha_\omega = \frac{a_d}{a} \cdot \cos\alpha$$ *(SB 6 Anlage 1, Gl-Nr. 13)*

$$\alpha_\omega = \frac{196{,}5\,mm}{200\text{mm}} \cdot \cos 20° \qquad \alpha_\omega = 22{,}59°$$

Berechnung der Profilverschiebungsfaktoren:

Als Bereich für die Profilverschiebung gilt: $-0{,}5 \leq (x_1 + x_2) \leq +1{,}5$

Die Werte für $inv\alpha_\omega$ $inv\alpha$ wurden näherungsweise der Tabelle in

SB 9 Arbeitsblatt 2.10.4 entnommen.

$$(x_1 + x_2) = (z_1 + z_2) \cdot \frac{inv\,\alpha_\omega - inv\,\alpha}{2 \cdot \tan\alpha}$$ *(SB 6 Anlage 1, Gl-Nr. 14)*

$$(x_1 + x_2) = (29\,Zähne + 102\,Zähne) \cdot \frac{0{,}021815 - 0{,}014904}{2 \cdot tan20°}$$

$$(x_1 + x_2) = 1{,}244$$

Ermittlung der Abweichung des Übersetzungsverhältnisses:

Wobei $i_{SOLL} = 3{,}53$ *(siehe Berechnungen zu 2.5)* und

$$i_{tats} = \frac{z_2}{z_1}$$ *(SB 6 Formel 1.2)*

$$i_{tats} = \frac{102\,Zähne}{29\,Zähne}$$

somit:

$$\Delta i = \frac{i_{tats} - i_{SOLL}}{i_{SOLL}} \cdot 100\,Prozent$$ *(SB 6 Formel 4.7)*

$$\Delta i = \frac{3{,}517 - 3{,}53}{3{,}53} \cdot 100\,Prozent \qquad \Delta i = -0{,}368\,Prozent$$

Somit werden die vorgegebenen Werte nach einer Korrektur der Ritzelzähnezahl auf 29 Zähne und bei der Zähnezahl des zweiten Zahnrades auf 102 Zähne eingehalten. Da das Übersetzungsverhältnis mit ca. -0,4% und die Profilverschiebung mit ca. 1,2 in den gegebenen Grenzen liegen.

Das Zahnradgetriebe der Nr. 12 wird im Weiteren realisiert.

2.7 Radialkraft und Wälzlageraufteilung

Die Abschätzung der Radialkraft erfolgt über:

$$F_r = F_t \cdot \tan \alpha_\omega$$ *(SB 6 Formel 3.2)*

$$F_{rAntrieb} = 1.379{,}31\,N \cdot tan22{,}59\,° \qquad F_{rAntrieb} = 573{,}87\,N$$

$$F_{rAbtrieb} = 1.385{,}62\,N \cdot tan22{,}59\,° \qquad F_{rAbtrieb} = 576{,}49\,N$$

mit $\alpha_\omega = 22{,}59°$ *(siehe Berechnung 2.6)*

F_t wird ermittelt durch:

$$F_t = \frac{2 \cdot M_{tmax}}{d}$$ *(SB 6 Formel 3.1)*

$$F_{tAntrieb} = \frac{2 \cdot 60.000\text{Nmm}}{87\text{mm}} \qquad F_{tAntrieb} = 1.379{,}31\,N$$

$$F_{tAbtrieb} = \frac{2 \cdot 212.000\text{Nmm}}{306\text{mm}} \qquad F_{tAbtrieb} = 1.385{,}62\,N$$

Die jeweils notwendigen Teilkreisdurchmesser werden errechnet mit:

$$d = m \cdot z$$ *(SB 6 Formel 4.3)*

$$d_{Antrieb} = 3\text{mm} \cdot 29\,Zähne \qquad d_{Antrieb} = 87\text{mm}$$

$$d_{Abtrieb} = 3\text{mm} \cdot 102\,Zähne \qquad d_{Abtrieb} = 306\text{mm}$$

Somit ergeben sich für die Antriebs- und Abtriebswelle eine anliegende Radialkraft von

$F_{rAntrieb}$ = 573,87N

$F_{rAbtrieb}$ = 576,49N

Durch die Aufgabenstellung, wonach die Zahnräder beginnend nach etwa 1/3 des Lagerabstandes sitzen, kann man nun die anliegenden Kräfte auf die Wellen verteilen.

Die **Kraftverteilung auf der Antriebswelle** wird ermittelt mit einer Modifizierung des Hebelgesetzes (Kraft x Weg). Hierbei wurde der Weg (oder auch die Länge) entsprechend der Anforderung in 1/3 und 2/3 des Weges den jeweils gewollten Lagerpositionen aufgeteilt:

$$F_{L1Antriebswelle} = Fr_{Antrieb} \cdot \frac{2}{3}$$

$$F_{L1Antriebswelle} = 573{,}87\,N \cdot \frac{2}{3} \qquad F_{L1Antriebswelle} = 382{,}58\,N$$

und

$$F_{L2Antriebswelle} = Fr_{Antrieb} \cdot \frac{1}{3}$$

$$F_{L2Antriebswelle} = 573{,}87\,N \cdot \frac{1}{3} \qquad F_{L2Antriebswelle} = 191{,}29\,N$$

Dem entsprechend erfolgt die **Kraftaufteilung auf der Abtriebsseite:**

$$F_{L1Abtriebswelle} = Fr_{Abtrieb} \cdot \frac{2}{3}$$

$$F_{L1Abtriebswelle} = 576{,}49\,N \cdot \frac{2}{3} \qquad F_{L1Abtriebswelle} = 384{,}33\,N$$

und

$$F_{L2Abtriebswelle} = Fr_{Abtrieb} \cdot \frac{1}{3}$$

$$F_{L2Abtriebswelle} = 576{,}49\,N \cdot \frac{1}{3} \qquad F_{L2Abtriebswelle} = 192{,}16\,N$$

Durch die Ermittlung der anliegenden Kräfte an den entsprechenden Lagern kann nun eine **Einteilung in Fest- und Loslager** erfolgen.

Die Lager, die eine geringere Radialbelastung erdulden, werden als Festlager gewählt.

Antriebsseite

$F_{L1Antrieb}$ = 382,58N => Loslager

$F_{L2Antrieb}$ = 191,29N => Festlager

Abtriebsseite

$F_{L1Abtrieb}$ = 384,33N => Loslager

$F_{L2\,Abtrieb}$ = 192,16N =>Festlager

2.8 Wälzlagerauswahl und Lebensdauer

2.8.1 Antriebswelle

Der Durchmesser, auf den das Lager positioniert wird, soll 45mm betragen, um einen mindestens 3mm kleineren Durchmesser als den des benachbarten Wellenabschnitts von 50mm zu erhalten.

Anhand des Lagerwellendurchmessers von 45mm lässt sich nach DIN 625-1 die passenden Kugellager für die Antriebswelle auswählen *(SB 9 Arbeitsblatt 2.7.1)*:

DIN 625-6009-Z2-P3

mit: D=75mm; B=16mm; r=1,0mm

Für die Kontrolle einer ausreichenden Lebensdauer ist die Berechnung des

Wälzlagers mit der größeren Radialbelastung ausreichend, da das Wälzlager mit geringerer Radialbelastung eine größere Lebensdauer als dieses haben muss.

Die Berechnung der Lebensdauer erfolgt über:

$$L_{10h} = \frac{10^6}{60 \cdot n} \cdot \left(\frac{C}{P}\right)^p$$ *(SB 5 Formel 1.4)*

und

$$P = X \cdot F_r + Y \cdot F_a$$ *(SB 5 Formel 1.3)*

mit C=20kN; C_o =14,3kN *(SB 9 Arbeitsblatt 2.7.1)*

und F_a=0,5kN (siehe Angabe Studienleistung)

Für das weitere Vorgehen müssen nach Berechnung einige Werte folgender Tabelle 3 entnommen werden.

Tabelle 3: *Dynamische Äquivalentlast P für Rillenkugellager*

Quelle: Hase W. 2006: Konstruktion: Studienbrief 9

Dynamische Äquivalentlast P für Rillenkugellager					
$P = X \cdot F_r + Y \cdot F_a$					
F_a/C_0	e	$F_a/F_r \leq e$		$F_a/F_r > e$	
		X	Y	X	Y
0,014	0,19				2,30
0,028	0,22				1,99
0,056	0,26				1,71
0,084	0,28				1,55
0,11	0,30	1	0	0,56	1,45
0,17	0,34				1,31
0,28	0,38				1,15
0,42	0,42				1,04
0,56	0,44				1,00

Berechnung des Grenzlastwertes:

$$e_{Zuordnungswert} = \frac{F_a}{C_o}$$ *(SB 5 Beispiel 1.1)*

$$e_{Zuordnungswert} = \frac{0{,}5\,kN}{14{,}3\,kN} \qquad e_{Zuordnungswert} = 0{,}035$$

Durch Interpolation des Zuordnungswertes von e erhält man aus der Zuornungstabelle *(Tabelle 3)* den Wert $e \approx 0{,}23$.

Für die Ermittlung von X für die obige Gleichung muss folgendes Verhältnis ermittelt werden:

$$e < \frac{F_a}{F_{L1Antrieb}} \quad 0{,}23 < \frac{500\text{N}}{382{,}58\,N} \quad 0{,}23 < 1{,}307$$ *(SB 5 Beispiel 1.1)*

Daraus folgt nach Tabelle SB 9 Arbeitsblatt 2.7.1 der Wert für X=0,56.

Nach weiterer Interpolation ergibt sich für Y=1,92. *(Tabelle 3)*

Damit kann die äquivalente, statische Lagerbelastung für das Loslager der Antriebswelle berechnet werden:

$$P_{L1Antrieb} = X \cdot F_{L1Antrieb} + Y \cdot F_a$$

$$P_{L1Antrieb} = 0{,}56 \cdot 382{,}58\,N + 1{,}92 \cdot 500\text{N} \qquad P_{L1Antrieb} = 1174{,}25\,N$$

Für die Berechnung der Lebensdauer ergibt sich dadurch:

$$L_{10\text{h}} = \frac{10^6}{60 \cdot 1200\text{min}^{-1}} \cdot \left(\frac{20.000\text{N}}{1174{,}25\,N}\right)^3 \qquad L_{10\text{h}} = 68.623{,}96\,h$$

Die Lebensdauer des stärker belasteten Kugellagers beträgt mehr als das Sechsfache der geforderten 10.000h und ist somit ausreichend.

2.8.2 Abtriebswelle

Der Durchmesser, auf dem das Lager positioniert wird, soll 55mm betragen, um einen mindestens 3mm kleineren Durchmesser als den des benachbarten Wellenabschnitts von 60mm zu ermöglichen.

Die Bestimmung der Kugellager der Abtriebswelle erfolgt simultan zu derer der Antriebswelle. Somit werden folgende Kugellager ausgewählt

(SB 9 Arbeitsblatt 2.7.1):

DIN 625-6011-Z2-P3

mit: D=90mm; B=18mm; r=1,1mm

Ebenso erfolgt die Berechnung der Lagerlebensdauer des Loslagers der

Abtriebswelle simultan für C=28,5kN; Co=21,2kN. *(SB 9 Arbeitsblatt 2.7.1)*

$$e_{Zuordnungswert}=\frac{F_a}{C_o}$$ *(SB 5 Beispiel 1.1)*

$$e_{Zuordnungswert}=\frac{0{,}5\,kN}{21{,}2\,kN} \qquad e_{Zuordnungswert}=0{,}024$$

Durch Interpolation des Zuordnungswertes von e erhält man aus der

Zuordnungstabelle *(Tabelle 3)* den Wert $e \approx 0{,}211$.

$$e<\frac{F_a}{F_{L1Abtrieb}} \qquad 0{,}211<\frac{500\mathrm{N}}{384{,}33\,N} \qquad 0{,}211<1{,}301$$ *(SB 5 Beispiel 1.1)*

Daraus folgt ein Wert für X=0,56.

nach weiterer Interpolation und Auswahl aus der Tabelle 3 ergibt sich für

Y=2,08. Damit kann die äquivalente statische Lagerbelastung für das Loslager

der Abtriebswelle berechnet werden:

$$P_{L1Abtrieb}=X\cdot F_{L1Abtrieb}+Y\cdot F_a$$

$$P_{L1Abtrieb}=0{,}56\cdot 384{,}33\,N+2{,}08\cdot 500\mathrm{N} \qquad P_{L1Abtrieb}=1.255{,}23\,N$$

Somit ergibt sich die Lebensdauer:

$$L_{10\mathrm{h}}=\frac{10^6}{60\cdot 340\mathrm{min}^{-1}}\cdot\left(\frac{20.000\mathrm{N}}{1.255{,}23\,N}\right)^3$$

$$L_{10\mathrm{h}}=198.285{,}01\,h$$

Die Lebensdauer des zweiten Kugellagers ist mit knapp zweihunderttausend Stunden mehr als ausreichend.

2.9 Passfederauswahl und Passfederlänge

2.9.1 Antriebszapfen

Der Wellendurchmesser wurde mit 35mm veranschlagt.

Nach DIN 6885-1 *(SB 9 Arbeitsblatt 2.6.1)* ergeben sich für die Passfeder folgende Eigenschaften:

b = 10mm; h = 8mm; t_1 = 5mm; t_2 = 3,3mm; l = 20-110mm

$p_{ertr} = p_{zul}$ = 90N/mm² *(aus Vorgabe der Aufgabenstellung)*; S = 1

Für die Berechnung der Passfederlänge gilt:

$$L_{trl} = \frac{2 \cdot c_B \cdot M_{tnenn} \cdot S}{p_{zul} \cdot (h - t_1) \cdot d}$$ *(SB 4 Formel 2.1a)*

mit c_B x M_{tnenn} = Mtmax

$$L_{trl} = \frac{2 \cdot 60.000\text{Nmm} \cdot 1}{90\text{N}/mm^2 \cdot (8-5) \cdot 35\text{mm}} \qquad L_{trl} = 12{,}70\,mm$$

Zur Berechnung der Mindestlänge gilt:

$$l \geq L_{trl} + b$$ *(SB4 Formel 2.3)*

$$l \geq 12{,}70\,mm + 10\text{mm} \qquad l \geq 22{,}70\,mm$$

Somit darf eine Mindestlänge von 22,70mm nicht unterschritten werden.

Als nächstliegende Nennlänge für die Passfeder gelten 25mm *(SB9 Arbeitsblatt 2.6.1)*. Somit wird folgende Passfeder gewählt:

DIN 6885-A-10 x 8 x 25

Die Berechnungen der weiteren Passfederlängen verlaufen simultan zu dieser, nur mit den dafür spezifischen Werten.

2.9.2 Antriebszahnrad

Der Wellendurchmesser wird mit 50mm veranschlagt.

Nach DIN 6885-1 *(SB 9 Arbeitsblatt 2.6.1)* ergeben sich für die Passfeder folgende Eigenschaften:

b= 14mm; h= 9mm; t_1= 5,5mm; t_2= 3,8mm; l= 36-160mm; p_{zul}= 90N/mm²; S= 1

Für die Berechnung der Passfederlänge:

$$L_{trl} = \frac{2 \cdot 60.000\text{Nmm} \cdot 1}{90\text{N}/mm^2 \cdot (9-5{,}5) \cdot 50\text{mm}} \qquad L_{trl} = 7{,}62\,mm$$ *(SB 4 Formel 2.1a)*

Zur Berechnung der Mindestlänge gilt:

$l \geq 7{,}62\,mm + 14\text{mm} \qquad l \geq 21{,}62\,mm$ *(SB4 Formel 2.3)*

Als nächstliegende Nennlänge wird für diese Passfeder 36mm gewählt.

(SB9 Arbeitsblatt 2.6.1). Somit wird folgende Passfeder für das Ritzel gewählt:

DIN 6885-A-14 x 9 x 36

2.9.3 Abtriebszapfen

Der Wellendurchmesser wird mit 45mm veranschlagt.

Nach DIN 6885-1 *(SB9 Arbeitsblatt 2.6.1)* ergeben sich für die Passfeder folgende Eigenschaften:

b= 14mm; h= 9mm; t_1= 5,5mm; t_2= 3,8mm; l= 36-160mm; p_{zul}= 90N/mm^2; S= 1

$$L_{trl} = \frac{2 \cdot 212.000\text{Nmm} \cdot 1}{90\text{N}/mm^2 \cdot (9-5{,}5) \cdot 45\text{mm}} \qquad L_{trl} = 29{,}92\,mm$$ *(SB 4 Formel 2.1a)*

Zur Berechnung der Mindestlänge gilt:

$l \geq 29{,}92\,mm + 14\text{mm} \qquad l \geq 43{,}92\,mm$ *(SB4 Formel 2.3)*

Als nächstliegende Nennlänge wird für diese Passfeder 45mm gewählt

(SB9 Arbeitsblatt 2.6.1). Somit wird folgende Passfeder für das Anschlussteil der Abtriebszapfen verwendet:

DIN 6885-A-14 x 9 x 45

2.9.4 Abtriebszahnrad

Der Wellendurchmesser wird mit 60mm veranschlagt.

Nach DIN 6885-1 *(SB9 Arbeitsblatt 2.6.1)* ergeben sich für die Passfeder folgende Eigenschaften:

b= 18mm; h= 11mm; t_1= 7mm; t_2= 4,4mm; p_{zul}= 90N/mm²; S= 1

$$L_{trl} = \frac{2 \cdot 212.000\text{Nmm} \cdot 1}{90\text{N}/mm^2 \cdot (11-7) \cdot 60\text{mm}} \qquad L_{trl} = 19{,}63\,mm$$ *(SB 4 Formel 2.1a)*

Zur Berechnung der Mindestlänge gilt:

$$l \geq 19{,}63\,mm + 18\text{mm} \qquad l \geq 37{,}63\,mm$$ *(SB4 Formel 2.3)*

Als nächstliegende Nennlänge wird für diese Passfeder 50mm gewählt *(SB9 Arbeitsblatt 2.6.1)*. Somit wird folgende Passfeder für das Zahnrad der Abtriebswelle verwendet:

DIN 6885-A-18 x 11 x 50

3.0 Zahnradparameter

3.1 Zahnradbreite

Die Zahnradbreite wird ermittelt aus:

$$b \approx (0{,}5 \ldots 0{,}6) \cdot d$$ *(siehe Angabe Studienleistung)*

für d=87mm ergibt sich:

$$b \approx (0{,}5 \ldots 0{,}6) \cdot 87\text{mm} \qquad b \approx 43{,}5 \ldots 52{,}2$$

Daraus werden die Zahnradbreiten für Ritzel und Zahnrad der Abtriebswelle gewählt:

Zahnradbreite der Antriebswelle: 50mm

Zahnradbreite der Abtriebswelle: 45mm

Für das Ritzel gilt: Zahnradbreite = Zahnradnabenbreite, da als Zahnradform ein scheibenförmiges Aufsteckritzel gewählt wurde.

Für das Zahnrad der Abtriebswelle kann die Zahnradnabenbreite größer als die Zahnbreite konstruiert sein, da als Zahnradform ein Einstegzahnrad gewählt wurde.

Zur Kontrolle werden nocheinmal die mindest- bzw. maximalen Zahnrad-nabenbreiten ermittelt:

$l_{min.max.} = Passfederlänge + 2....5\text{mm}$ *(siehe Angabe Studienleistung)*

somit ergeben sich für Ritzel und Abtriebszahnrad folgende min./max. Breiten:

$l_{Ritzel} = 36\text{mm} + 2....5\text{mm}$ $l_{Ritzel} = 38...40\text{mm}$

$l_{Abtriebszahnrad} = 50\text{mm} + 2....5\text{mm}$ $l_{Abtriebszahnrad} = 52...55\text{mm}$

Beide Zahnradnabenbreiten können in der Konstruktion eingehalten werden.

3.2 Profilverschiebung

Die Profilverschiebung ergibt sich:

$x_1 \approx 0{,}56$ und $x_2 \approx 0{,}68$

Die Profilverschiebung ist damit relativ ausgewogen zwischen den Zahnrädern verteilt.

3.3 Kopfkreisdurchmesser

Der Kopfkreisdurchmesser errechnet sich aus:

$d_{a1} = d + 2 \cdot m \cdot (1 + x + k^x)$ *(SB Anlage 1 Formel 4)*

mit

$$k^x = \frac{a - a_d}{m} - (x_1 + x_2) \qquad k^x = \frac{200\text{mm} - 196{,}5\,mm}{3} - 1{,}244 \qquad k^x = -0{,}077$$

Somit ergibt sich ein Kopfkreisdurchmesser für das Ritzel:

$d_{aAntrieb} = 87\text{mm} + 2 \cdot 3 \cdot (1 + 0{,}56 - 0{,}077)$ $d_{aAntrieb} = 95{,}989\,mm$

Für den Kopfkreisdurchmesser des Abtriebszahnrades ergibt sich:

$d_{aAbtrieb} = 306\text{mm} + 2 \cdot 3 \cdot (1 + 0{,}68 - 0{,}077)$ $d_{aAbtrieb} = 315{,}618\,mm$

3.4 Fußkreisdurchmesser

Der Fußkreisdurchmesser ergibt sich durch:

$$d_f = d - 2 \cdot m \cdot (1{,}25 - x)$$ *(SB Anlage 1 Formel 6)*

Für den Fußkreisdurchmesser des Ritzels ergibt sich daraus:

$$d_{fAntriebswelle} = 87\text{mm} - 2 \cdot 3 \cdot (1{,}25 - 0{,}56) \qquad d_{fAntriebswelle} = 82{,}86\,mm$$

Für den Fußkreisdurchmesser des Abtriebszahnrades gilt:

$$d_{fAbtriebswelle} = 306\text{mm} - 2 \cdot 3 \cdot (1{,}25 - 0{,}68) \qquad d_{fAbtriebswelle} = 302{,}58\,mm$$

3.5 Wälzkreisdurchmesser

Der Wälzkreisdurchmesser ergibt sich aus:

$$d_\omega = d \cdot \frac{\cos\alpha}{\cos\alpha_\omega}$$ *(SB Anlage 1 Formel 8)*

Für das Ritzel gilt:

$$d_{\omega\,Antrieb} = 87\text{mm} \cdot \frac{cos20°}{cos22{,}59°} \qquad d_{\omega\,Antrieb} = 88{,}55\,mm$$

Für das Zahnrad der Abtriebswelle gilt:

$$d_{\omega\,Abtrieb} = 306\text{mm} \cdot \frac{cos20°}{cos22{,}59°} \qquad d_{\omega\,Abtrieb} = 311{,}44\,mm$$

4. Nachberechnung belasteter Bauteile

4.1 Durchbiegung

Um eine Aussage über die Durchbiegung treffen zu können, müssen erst die zulässige Durchbiegung und die maximal anliegende Durchbiegung ermittelt und in Relation gesetzt werden:

Zulässige Durchbiegung:

$$f_{zul}=\frac{m_n}{(100...200)}$$ *(SB 9 Arbeitsblatt 2.5.1)*

mit m_n = 3mm

$$f_{zul}=\frac{3\text{mm}}{(100...200)} \qquad f_{zul}=0{,}015...0{,}03\,mm$$

Es darf eine Durchbiegung von 0,015...0,03mm nicht überschritten werden.

Maximal anliegende Durchbiegung:

$$f_{max}=\frac{F_u}{9\cdot E\cdot I}\cdot\frac{a^2\cdot b}{l}\cdot(l+b)\cdot\sqrt{\frac{l+b}{3\cdot a}}$$ *(SB 9 Arbeitsblatt 2.1.3)*

Zum besseren Verständniss soll Abb. 1 dienen:

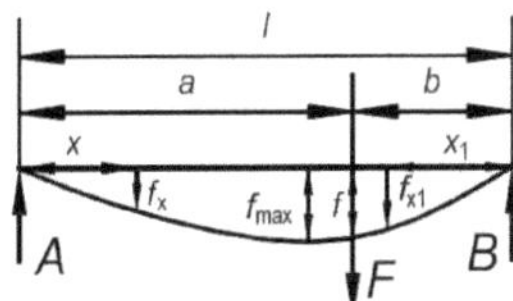

Abb. 1: Grafische Darstellung maximaler Durchbeigung
Quelle SB 9 Arbeitsblatt 2.1.3

mit

$$I_b=\frac{\pi\cdot d^4}{64}$$ *(SB 9 Arbeitsblatt 2.1)*

für d= 45mm (Wellendurchmesser der Antriebswelle) ergibt sich:

$$I_b=\frac{\pi\cdot 45\text{mm}^4}{64} \qquad I_b=201.288{,}96$$

für E gilt:

$$E=2{,}1\cdot 10^5(\mathit{für\ Stahl\ und\ Graugusse})$$ *(SB 4 Aufgabe 1.7 b)*

$$F_u = F_{res} = \sqrt{f_x^{\,2} + f_y^{\,2}}$$ *(SB 4 Formel 1.22)*

für $f_x = F_{r1}$

$f_y = F_{t1}$

$$F_u = F_{res} = \sqrt{573{,}87\,N^2 + 1379{,}31\,N^2}$$

$$F_u = F_{res} = 1493{,}93\,N$$

Somit kann die maximale Durchbiegung berechnet werden anhand von:

l= 126mm (Abstand der Kugellager zueinander)

b= 43mm (Abstand des ersten Kugellagers zum Zahnrad)

a= 83mm (Abstand des zweiten Kugellagers zum Zahnrad)

$$f_{max} = \frac{1.493{,}93\,N}{9 \cdot 2{,}1 \cdot 10^5 \cdot 201.288{,}96} \cdot \frac{83^2 \cdot 43}{126} \cdot (126+43) \cdot \sqrt{\frac{126+43}{3 \cdot 83}}$$

$$f_{max} = 1{,}29 \cdot 10^{-3}\,mm$$

$$f_{max} = 0{,}00129\,mm$$

Somit gilt die Relation:

$$f_{max} < f_{zul}$$

Damit ist die maximal vorliegende Durchbiegung zulässig.

4.2 Lagerneigung

Gleich der Durchbiegung kann auch hier nur eine Aussage über die Zulässigkeit der Lagerneigung der Antriebswelle gemacht werden, indem die zulässige und die max. vorliegende Lagerneigung in Relation gesetzt werden.

Die zulässige Lagerneigung $\tan\alpha_{zul}$ entspricht:

$$\tan\alpha_{zul} = 10 \cdot 10^{-4} \Rightarrow 3{,}5\,' \Rightarrow 0°\,3\,'\,30\,''$$ *(SB 9 Arbeitsblatt 2.5.2)*

Die anliegende Neigung errechnet sich für Lager 1 und Lager 2:

$$\tan\alpha_1 = \frac{F}{6\cdot E\cdot I}\cdot\frac{a\cdot b}{l}\cdot(b+l)$$ *(SB 4 Aufbgabe 1.7 b)*

$$\tan\alpha_2 = \frac{F}{6\cdot E\cdot I}\cdot\frac{a\cdot b}{l}\cdot(a+l)$$ *(SB 4 Aufbgabe 1.7 b)*

somit:

$$\tan\alpha_1 = \frac{1493{,}93\,N}{6\cdot 2{,}1\cdot 10^5\cdot 201.288{,}96}\cdot\frac{83\cdot 43}{126}\cdot(43+126)$$

$$\tan\alpha_1 = 2{,}82\cdot 10^{-4} \Rightarrow 0{,}017\,° \Rightarrow 0\,°\,0\,'\,1{,}02\,''$$

$$\tan\alpha_2 = \frac{1493{,}93\,N}{6\cdot 2{,}1\cdot 10^5\cdot 201.288{,}96}\cdot\frac{83\cdot 43}{126}\cdot(83+126)$$

$$\tan\alpha_2 = 3{,}49\cdot 10^{-4} \Rightarrow 0{,}021\,° \Rightarrow 0\,°\,0\,'\,1{,}26\,''$$

damit gilt:

$$\tan\alpha_{zul} > \tan\alpha_1\,;\,\tan\alpha_2$$

Die vorliegenden Lagerneigungen sind kleiner als die maximal zulässige Lagerneigung und müssen damit nicht korrigiert werden.

4.3 Dauerfestigkeit

Die Dauerfestigkeit der Antriebswelle wird bestimmt durch die Sicherheiten gegen Dauerbruch (S_D) und bleibende Verformung (S_F).

Diese vorliegenden Sicherheiten dürfen eine bestimmte Mindestsicherheit nicht unterschreiten.

Die Nachweise sind vereinfacht durchgeführt:

$S_D \geq S_{Derforderlich}$ mit

$$S_D = \frac{1}{\sqrt{\left(\frac{\sigma_{ba}}{\sigma_{bADK}}\right)^2 + \left(\frac{\tau_{ta}}{\tau_{tADK}}\right)^2}}$$ *(SB 4 Bsp. 1.1)*

und

$S_F \geq S_{Ferforderlich}$ mit

$$S_F = \frac{1}{\sqrt{\left(\frac{\sigma_{bmax}}{\sigma_{bFK}}\right)^2 + \left(\frac{\tau_{tmax}}{\tau_{tFK}}\right)^2}}$$ *(SB 4 Bsp. 1.1)*

Für die Berechnung von S_D und S_F ist es noch notwendig, folgende Komponenten zu errechnen:

Maximal anliegendes Moment:

$M_{bmax} = \frac{F \cdot a \cdot b}{l}$ mit F = FU = 1493,93N *(siehe Berechnung 4.1)*

gilt:

$M_{bmax} = \frac{1.493{,}93\,N \cdot 83\text{mm} \cdot 43\text{mm}}{126\text{mm}}$ $M_{bmax} = 42.316{,}16\,Nmm$

Biegespannung:

$$\sigma_b = \frac{c_B \cdot M_{bmax}}{W_b} = \frac{32 \cdot c_B \cdot M_{ba}}{\pi \cdot d^3}$$ *(SB 4 Bsp. 1.1)*

$\sigma_b = \frac{32 \cdot 1{,}25 \cdot 42.316{,}16\,Nmm}{\pi \cdot 45^3\,mm}$ $\sigma_b = 5{,}91\,N/mm^2$

Torsionsspannung:

$$\tau_t = \frac{c_B \cdot M_t}{W_t} = \frac{16 \cdot c_B \cdot M_t}{\pi \cdot d^3}$$ *(SB 4 Bsp. 1.1)*

$\tau_t = \frac{16 \cdot 1{,}25 \cdot 48.000\text{Nmm}}{\pi \cdot 45^3\,mm}$ $\tau_t = 3{,}35\,N/mm^2$

Für das Spannungsverhätnis gilt:

$\kappa = -1$ da gilt $M_{bmax} = M_{ba}$ *(SB 4 Bsp. 1.1)*

Vergleichsmittelspannung:

$$\sigma_{mv} = \sqrt{(\sigma_b + \sigma_{bm})^2 + 3 \cdot \tau_t^2}$$ *(SB 9 Arbeitsblatt 2.1.9 Formel 7)*

Da eine Umlaufbiegung vorliegt, gilt für die Beigemittelspannung $\sigma_{bm} = 0$ und somit:

$$\sigma_{mv} = \sqrt{(5{,}91\, N/mm^2 + 0)^2 + 3 \cdot (3{,}35\, N/mm^2)^2} \qquad \sigma_{mv} = 6{,}29\, N/mm^2$$

Zur Ermittlung, ob die Vergleichsmittelspannung zulässig ist, wird sie mit der zulässigen Mittelspannung in Relation gesetzt:

$$\sigma_{zul} = \frac{\sigma_{Grenz}}{S}$$

mit $\sigma_{Grenz} = Re = 285\ N/mm^2$ und $S = 1{,}5$ (Richtwert für Stahl) gilt:

$$\sigma_{zul} = \frac{285\, N/mm^2}{1{,}5} \qquad \sigma_{zul} = 190\, N/mm^2$$

damit ergibt sich: $\sigma_{zul} > \sigma_{mv}$

Die vorliegende Vergleichsmittelspannung ist somit kleiner als die zulässige Mittelspannung und damit gültig.

Berechnung von S_D:

Da schwellende Belastung vorliegt, gilt:

$M_{ta} = 0{,}5\ M_t$ damit gilt: $\tau_{ta} = 1{,}68\ N/mm^2$ *(SB 4 Bsp. 1.1)*

Die Biegewechselfestigkeit σ_{bW} ergibt sich aus:

$\sigma_{bW} = 0{,}5\ Rm$

da $\kappa = -1$ gilt: $\sigma_{bAD} = \sigma_{bW}$

Die Torsionswechselfestigkeit τ_{tW} ergibt sich aus:

$\tau_{tW} = 0{,}3\ Rm$

und die Bauteilwechselfestigkeit δ_{bWK} ist damit:

$$\sigma_{bWK} = \frac{\sigma_{bW} \cdot K1}{K\sigma}$$ *(SB 4 Formel 1.14)*

Für Baustahl und $d_{(eff)}$ = 50mm gilt:

K1 = 1 *(SB 9 Arbeitsblatt 2.1.6)*

Kerbwirkungszahl kann entfallen, da:

$$1 = \frac{K3(dB)}{K3(d)}$$ *(SB 4 Bsp. 1.1)*

weiter ergibt sich:

K2 = 0,88 *(SB 9 Arbeitsblatt 2.1.6)*

für d=35mm als kleinster Durchmesser

Der Einfluss der Oberflächenrauheit $K_{F\sigma}$ gilt mit:

$K1 \cdot Rm = 1 \cdot 470\text{Nm}$ *(SB 4 Beispiel 1.1)*

und dem sich daraus ergebenden Rz = 6,3µm

$K_{F\sigma} \approx 0,93$

Die Oberflächenverfestigung:

Kv = 1 (Oberflächenverfestigung wird im allg. immer mit 1 gewählt)

Kerbwirkungszahl:

$\beta_{\sigma} = 1 + c_{\sigma} \cdot (\beta_{\sigma(2,0)} - 1)$ *(SB 9 Arbeitsblatt 2.1.8)*

Mit c_{σ} durch D/d = 1,4 ergibt sich:

c_{σ}= 0,67 *(SB 9 Arbeitsblatt 2.1.8)*

Mit $\beta_{\sigma(2,0)}$ durch Rm= 470N/mm^2 und R/d = 2/35 = 0,057 ergibt sich:

$\beta_{\sigma(2,0)} \approx 1,78$ *(SB 9 Arbeitsblatt 2.1.8)*

somit:

$$\beta_{\sigma} = 1 + 0,67 \cdot (1,78 - 1) \qquad \beta_{\sigma} = 1,52$$

Daraus lässt sich der Gesamteinfluss K_σ errechnen:

$$K_{\sigma} = \left(\frac{\beta_{\sigma}}{K2} + \frac{1}{K_{FG}} - 1\right) \cdot \frac{1}{K_{v}}$$ *(SB 9 Arbeitsblatt 2.1.9 Formel 5)*

$$K_{\sigma} = \left(\frac{1,52}{0,88} + \frac{1}{0,93} - 1\right) \cdot \frac{1}{1}$$

$$K_{\sigma} = 1,80$$

Der Gesamteinflussfaktor der Torsion K_τ wird dann vereinfacht angenommen mit:

$$K_{\sigma} = K_{\tau}$$

Ertragbare Spannungsausschläge werden berechnet mit:

$$\sigma_{bADK} = \sigma_{bWK} = \frac{\sigma_{bW} \cdot k1}{K_{\sigma}}$$ *(SB 9 Arbeitsblatt 2.1.9 Formel 4)*

mit σ_{bW} = 0,5 Rm ergibt sich:

$$\sigma_{bADK} = \frac{0,5 \cdot 470\text{N}/mm^2 \cdot 1}{1,80} \qquad \sigma_{bADK} = 130,5\,N/mm^2$$

und

$$\tau_{tADK} = \tau_{tWK} = \frac{\tau_{tW} \cdot K1}{K_{\tau}}$$ *(SB 9 Arbeitsblatt 2.1.9 Formel 4)*

mit τ_{tW}= 0,3 Rm ergibt sich:

$$\tau_{tADK} = \frac{0,3 \cdot 470\text{N}/mm^2 \cdot 1}{1,80} \qquad \tau_{tADK} = 78,3\,N/mm^2$$

Damit ergibt sich für die Berechnung von S_D folgendes:

$$S_D = \frac{1}{\sqrt{\left(\frac{5{,}91\,N/mm^2}{130{,}5\,N/mm^2}\right)^2 + \left(\frac{1{,}68\,N/mm^2}{78{,}3\,N/mm^2}\right)^2}}$$

$$S_D = 19{,}95$$

Es liegt eine Sicherheit von 19,95 gegen Dauerbruch vor.

Um die Sicherheit S_F gegen bleibende Verformung, Anriss und Gewaltbruch berechnen zu können, benötigt man zusätzlich:

$$\sigma_{bFK} = K1_{(deff)} \cdot K2_F \cdot \gamma_F \cdot \sigma_{(dB)}$$ *(SB 4 Formel 1.19)*

mit $\gamma_F = 1$ (näherungsweise vorgegeben)

$$\tau_{tFK} = K1_{(deff)} \cdot K2_F \cdot \frac{\sigma_S(dB)}{\sqrt{3}}$$ *(SB 4 Formel 1.20)*

mit $K1 \approx 0{,}95$ (für Re bei Durchmesser 50mm)

mit $K2_F = 1{,}2$ *(SB9 Arbeitsblatt 2.1.5)*

somit ergibt sich:

$$\sigma_{bFK} = 0{,}95 \cdot 1{,}2 \cdot 1 \cdot 285\,N/mm^2 \qquad \sigma_{bFK} = 324{,}90\,N/mm^2$$

$$\tau_{tFK} = 0{,}95 \cdot 1{,}2 \cdot \frac{285\,N/mm^2}{\sqrt{3}} \qquad \tau_{tFK} = 187{,}58\,N/mm^2$$

Damit kann S_F errechnet werden:

$$S_F = \frac{1}{\sqrt{\left(\frac{5{,}91\,N/mm^2}{324{,}90\,N/mm^2}\right)^2 + \left(\frac{3{,}35\,N/mm^2}{187{,}58\,N/mm^2}\right)^2}}$$

$$S_F = 39{,}23$$

Es liegt eine Sicherheit von 39,23 gegen bleibende Verformung, Anriss und Gewaltbruch vor.

Als erforderliche Sicherheit wird von 3...5 ausgegangen. Es ist also deutlich, dass die vorliegenden S_F und S_D die geforderten Werte weit überschreiten.

4.4 Festlagerberechnung der Antriebswelle

Die Berechnung des Festlagers der Antriebswelle erfolgt simultan zur Berechnung des Loslagers aus 2.8.1.

Die Berechnung der Lebensdauer erfolgt über:

$$L_{10h}=\frac{10^6}{60\cdot n}\cdot(\frac{C}{P})^p$$ *(SB 5 Formel 1.4)*

und

$$P=X\cdot F_r+Y\cdot F_a$$ *(SB 5 Formel 1.3)*

ermittelt werden:

$$e<\frac{F_a}{F_{L2Antrieb}} \quad 0{,}23<\frac{500\text{N}}{191{,}29\,N} \quad 0{,}23<2{,}614$$ *(SB 5 Beispiel 1.1)*

Somit ergeben sich X und Y:

X=0,56 und Y=1,92

$$P_{L2Antrieb}=X\cdot F_{L2Antrieb}+Y\cdot F_a$$

$$P_{L2Antrieb}=0{,}56\cdot 191{,}92\,N+1{,}92\cdot 500\text{N} \quad P_{L2Antrieb}=1067{,}12\,N$$

Dadurch ergibt sich folgende Lebensdauer:

$$L_{10h}=\frac{10^6}{60\cdot 1200\text{min}^{-1}}\cdot(\frac{20.000\text{N}}{1067{,}12\,N})^3 \quad L_{10h}=91.436\text{h}$$

Auch die Lebensdauer dieses Kugellagers liegt weit über den geforderten 10.000h.

4.5 Festlagerberechnung der Abtriebswelle

Die Berechnungen der Abtriebswelle folgen dem Rechenschema aus 2.8.1.

$$e<\frac{F_a}{F_{L2Abtrieb}} \quad 0{,}23<\frac{500\text{N}}{192{,}16\,N} \quad 0{,}23<2{,}602$$ *(SB 5 Beispiel 1.1)*

Somit ergeben sich X und Y:

X=0,56 und Y=2,08

$$P_{L2Abtrieb} = X \cdot F_{L2Abtrieb} + Y \cdot F_a$$

$$P_{L2Abtrieb} = 0{,}56 \cdot 192{,}16\,N + 2{,}08 \cdot 500\text{N} \qquad P_{L2Abtrieb} = 1147{,}61\,N$$

Dadurch ergibt sich folgende Lebensdauer:

$$L_{10\text{h}} = \frac{10^6}{60 \cdot 340\text{min}^{-1}} \cdot \left(\frac{28.500\text{N}}{1147{,}61\,N}\right)^3 \qquad L_{10\text{h}} = 746.123\text{h}$$

Auch diese Kugellager ist bestens für die vorliegende Aufgabe geeignet.

5. Stückliste

Pos.	Menge	Benennung	Einheit	Norm-Bezeichnung	Bemerkung
1	1	Gehäuse	Stk.		
2	1	Antriebswelle	Stk.		E295
3	1	Distanzring	Stk.		
4	1	Antriebszahnrad (Ritzel)	Stk.		Einsatzstahl einsatzgehärtet (58...60 HRC)
5	1	Gehäusedeckel für Antriebswelle	Stk.		
6	1	Passfeder	Stk.	DIN 6885-A-10 x 8 x 25	Passfeder für Antriebszapfen
7	1	Passfeder	Stk.	DIN 6885-A-14 x 9 x 36	Passfeder für Ritzel
8	2	Rillenkugellager	Stk.	DIN 625-6009-Z2-P3	
9	2	Sicherungsring	Stk.	DIN 471-45 x 1,75	
10	2	Wellendichtring	Stk.	DIN 3760-A40 x 52 x 8	
11	1	Abtriebswelle	Stk.		E295
12	1	Distanzring	Stk.		
13	1	Abtriebszahnrad	Stk.		Einsatzstahl einsatzgehärtet (58...60 HRC)
14	1	Gehäusedeckel für Abtriebswelle	Stk.		Mit eingebrachter Nut für die Aufnahme des Wellendichtrings
15	1	Passfeder	Stk.	DIN 6885-A-14 x 9 x 45	Passfeder für Abtriebszapfen
16	1	Passfeder	Stk.	DIN 6885-A-18 x 11 x 50	Passfeder für Abtriebszahnrad
17	2	Rillenkugellager	Stk.	DIN 625-6011-Z2-P3	
18	2	Sicherungsring	Stk.	DIN 471-55 x 2,0	

6. Zeichnungen

Die Zeichnungen der Antriebsbaugruppe und der Antriebswelle befinden sich in der Anlage.

7. Konstruktionsbeschreibung

Zuerst wurden die Wellendurchmesser für An- bzw. Abtriebszapfen überschläglich ermittelt. Da diese die Durchmesser darstellen, die mindestens einzuhalten sind, wurden sie für den weiteren Konstruktionsverlauf etwas größer dimensioniert, um auch nach dem Einbringen einer Passfedernut noch gewährleistet zu sein.

Für die weitere Konstruktion des Zahnradgetriebes konnte man von größer werdenden Durchmessern, also von mehreren Wellenschultern, ausgehen. Dies lag an einigen konstruktiven Vorgaben der Studienleistung, beispielsweise der Forderung nach einer möglichst einfachen Montage des Getriebes, der Nutzung von Wellenschultern als Anlagefläche oder der Forderung nach einem eigenen Wellenabschnitt der Dichtungen.

Die Gestaltung der Zahnräder begann mit der Berechnung des Ritzels. Durch das Modul des Ritzels konnte erstmals eine Dimensionierung des Fußkreisdurchmessers und der Ritzel-Zähnezahl vorgenommen werden.

Dadurch wurde eine Ermittlung der Zähnezahl des zweiten Zahnrades ermöglicht. Auf Basis dieser Werte konnte erstmals ein Achsabstand zwischen diesen beiden Zahnrädern errechnet werden.

Da dieser Abstand keiner Normlänge entsprach, lag folglich eine Profilverschiebung vor. Eine Überprüfung dieser Verschiebung führte dann zu einer Korrektur der Zähnezahl, um den Anforderungen für Profilverschiebung und Übersetzungsverhältnis gerecht zu werden.

Nach der Dimensionierung der Wellenabschnitte der Lager konnten anhand dessen die entsprechenden Kugellager gewählt werden. Durch Berechnung der anliegenden Belastungen und Lebensdauer konnte eine Auswahl der Wälzlager erfolgen. Die Lager die jeweils als Loslager ausgewählt wurden, sind mit Seegeringen gegen ein Verrücken gesichert.

Als nächste Komponente wurden die nötigen Passfedern errechnet und ausgewählt.

Entsprechend der bis dahin vorliegenden Konstruktion wurden die Radialwellendichtringe ausgewählt.

Um einen gesicherten Einsatz des Zanhradgetriebes zu gewährleisten und um Konstruktionsfehler zu vermeiden, wurden alle belasteten Bauteile noch einmal überprüft.

An der Welle wurden dann die entsprechenden Oberflächengüten festgelegt. Ebenso wurden Phasen an allen Wellenschultern eingeplant, um eine Montage zu erleichtern. Das Planen von Freistichen soll das optimale Anliegen von Stirnflächen der Zahnräder oder Kugellager sicherstellen.
Die eingefügten Distanzringe dienen als Sicherheit gegen ein axiales Verrutschen der Zahnräder. Das erste Zahnrad wurde als scheibenförmiges Aufsteckritzel gewählt, während das zweite Zahnrad aus Gründen der Gewichtsersparnis als Einstegzahnrad ausgeführt wurde.

8. Literaturverzeichnis

Neßler W. (2009): Konstruktion. Studienbrief 1: Technische Darstellungslehre. 3., überarb. Aufl. 2009., Studienbrief der Fern-Hochschule Hamburg

Gläser H. et al. (2005): Konstruktion. Studienbrief 2: Normung und Gestaltungslehre. 2., vollst. überarb. und erg. Aufl. 2005., Studienbrief der Fern-Hochschule Hamburg

Lori W. (2006): Konstruktion. Studienbrief 3: Maschinenelemente I, Unlösbare und lösbare Verbindungen, Federn. 4., überarb. Aufl. 2009., Studienbrief der Fern-Hochschule Hamburg

Gläser H. (2006): Konstruktion. Studienbrief 4: Maschinenelemente II, Achsen und Wellen, Welle-Nabe-Verbindungen, Kupplungen. 4., überarb. Aufl. 2009., Studienbrief der Fern-Hochschule Hamburg

Gläser H. (2004): Konstruktion. Studienbrief 5: Maschinenelemente III, Lager und Dichtungen. 3., überarb. Aufl. 2009., Studienbrief der Fern-Hochschule Hamburg

Gläser H. (2006): Konstruktion. Studienbrief 6: Maschinenelement IV, Zahnräder und Zahnradgetriebe. 4., kor. Aufl. 2009., Studienbrief der Fern-Hochschule Hamburg

Hase W. et al. (2006): Konstruktion. Studienbrief 9: Arbeitsblätter I, Technische Darstellungslehre, Festigkeitsberechnung, Schweißverbindungen, Schraubverbindungen, Federn, Welle-Nabe-Verbindungen, Wälzlager, Gleitlager, Kupplungen, Verzahnung. 7., korr. und erg. Aufl. 2006., Studienbrief der Fern-Hochschule Hamburg

9. Anlagen

Zeichnung „Antriebsbaugruppe“

Zeichnung „Antriebswelle“

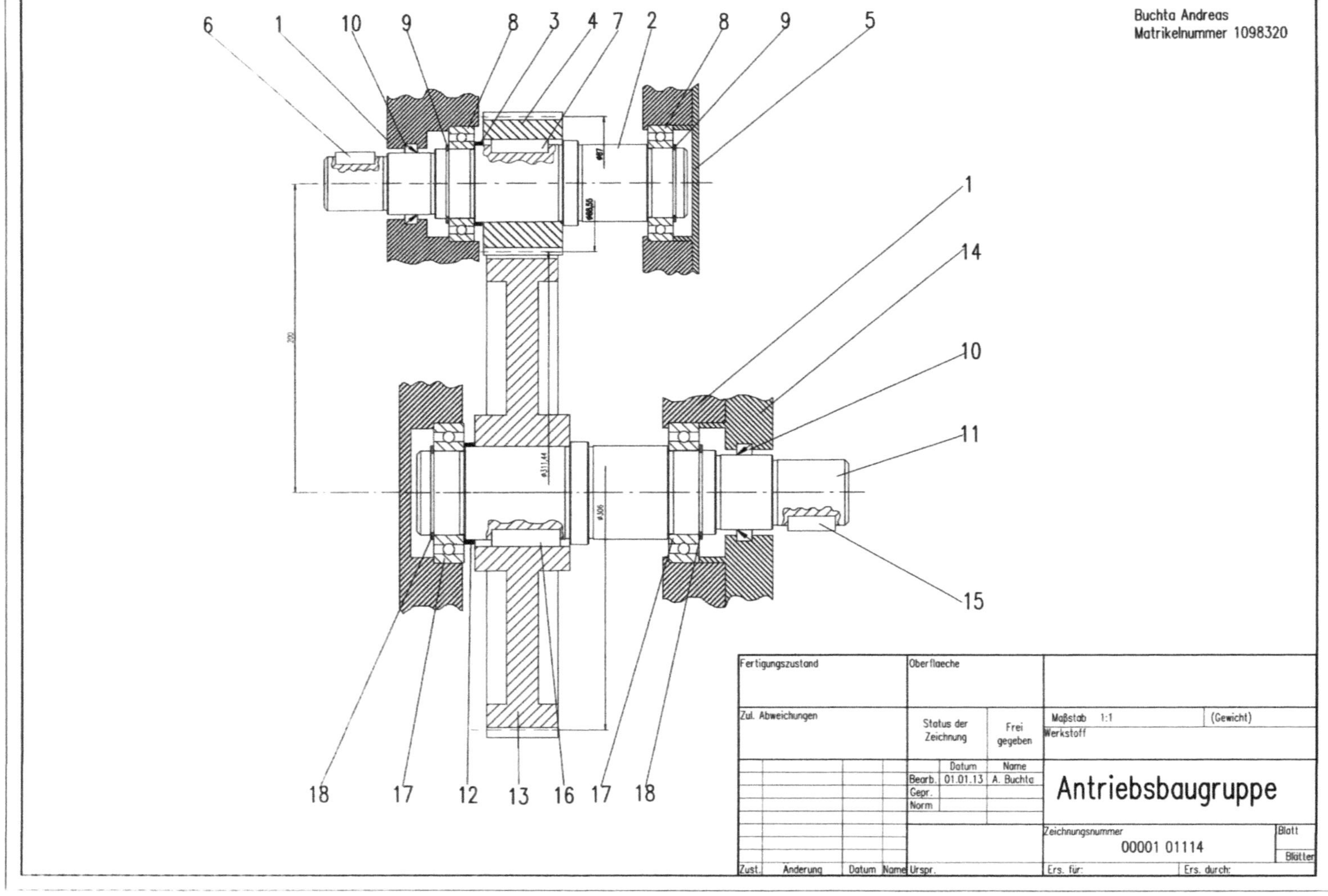
Buchta Andreas
Matrikelnummer 1098320
6
1
10
9
8
3
4
7
2
8
9
5
1
14
10
11
15
18
17
12
13
16
17
18
200
ø87
ø88,55
ø311,44
ø306
Fertigungszustand
Oberflaeche
Zul. Abweichungen
Status der Zeichnung
Frei gegeben
Maßstab 1:1
(Gewicht)
Werkstoff
Datum
Name
Bearb.
01.01.13
A. Buchta
Gepr.
Norm
Antriebsbaugruppe
Zeichnungsnummer
00001 01114
Blatt
Blätter
Zust.
Änderung
Datum
Name
Urspr.
Ers. für:
Ers. durch:

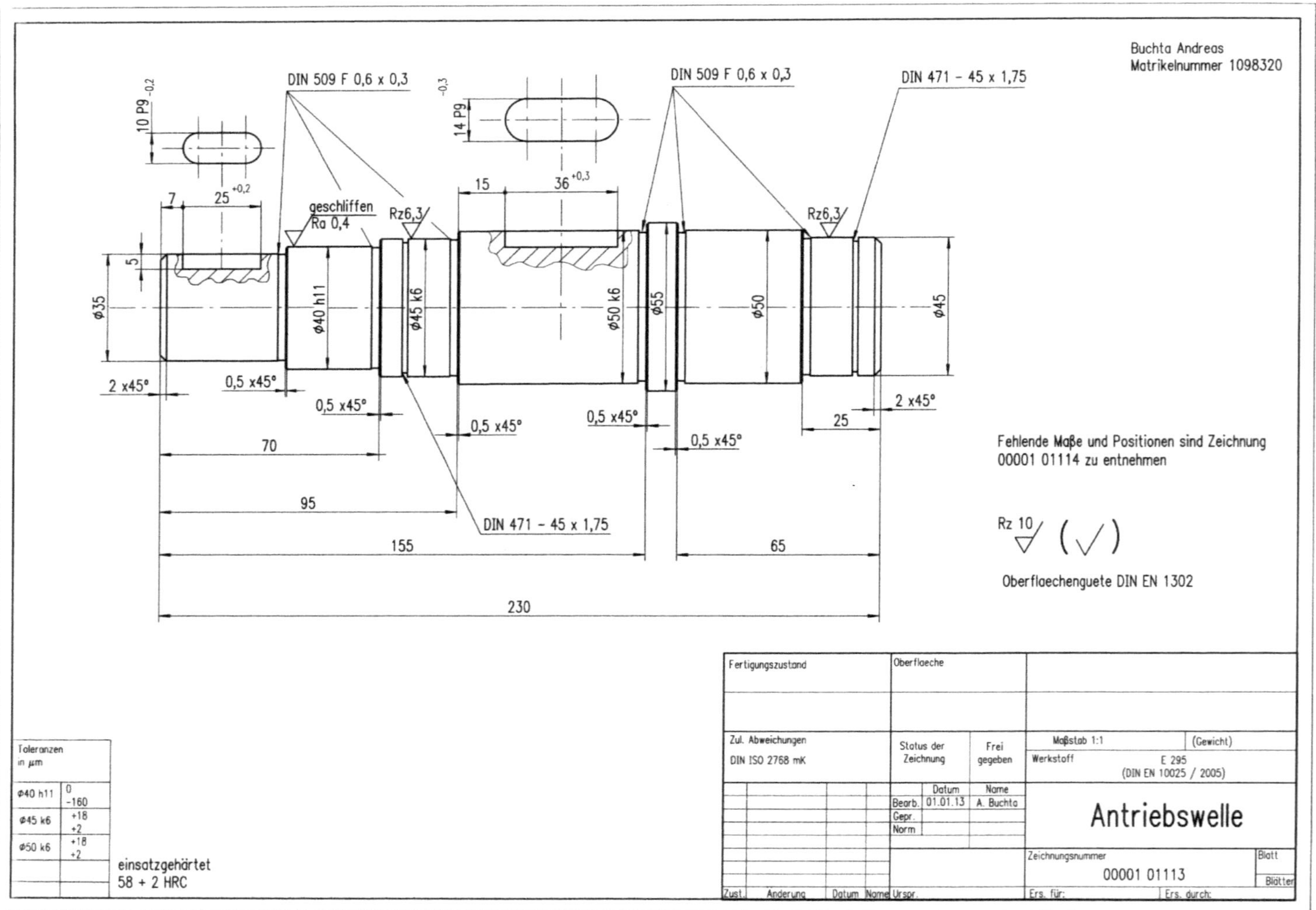

Buchta Andreas
Matrikelnummer 1098320
DIN 509 F 0,6 x 0,3
DIN 509 F 0,6 x 0,3
DIN 471 - 45 x 1,75
10 P9 -0,2
14 P9 -0,3
7
25 +0,2
15
36 +0,3
geschliffen
Ra 0,4
Rz6,3
Rz6,3
5
ϕ35
ϕ40 h11
ϕ45 k6
ϕ50 k6
ϕ55
ϕ50
ϕ45
2 x45°
0,5 x45°
0,5 x45°
0,5 x45°
0,5 x45°
0,5 x45°
2 x45°
25
70
95
DIN 471 - 45 x 1,75
155
65
230
Fehlende Maße und Positionen sind Zeichnung
00001 01114 zu entnehmen
Rz 10
Oberflaechenguete DIN EN 1302
Toleranzen
in µm
ϕ40 h11 0 -160
ϕ45 k6 +18 +2
ϕ50 k6 +18 +2
einsatzgehärtet
58 + 2 HRC
Fertigungszustand
Oberflaeche
Zul. Abweichungen
DIN ISO 2768 mK
Status der Zeichnung
Frei gegeben
Maßstab 1:1
(Gewicht)
Werkstoff
E 295
(DIN EN 10025 / 2005)
Datum
Name
Bearb.
01.01.13
A. Buchta
Gepr.
Norm
Antriebswelle
Zeichnungsnummer
00001 01113
Blatt
Blätter
Zust.
Änderung
Datum
Name
Urspr.
Ers. für:
Ers. durch: